优秀技术工人
百工百法丛书

刘伯鸣工作法

带直段锥体的锻造与成形

中华全国总工会 组织编写

刘伯鸣 著

中国工人出版社

匠心筑梦 技能报国

技术工人队伍是支撑中国制造、中国创造的重要力量。我国工人阶级和广大劳动群众要大力弘扬劳模精神、劳动精神、工匠精神，适应当今世界科技革命和产业变革的需要，勤学苦练、深入钻研，勇于创新、敢为人先，不断提高技术技能水平，为推动高质量发展、实施制造强国战略、全面建设社会主义现代化国家贡献智慧和力量。

——习近平致首届大国工匠创新交流大会的贺信

序

党的二十大擘画了全面建设社会主义现代化国家、全面推进中华民族伟大复兴的宏伟蓝图。要把宏伟蓝图变成美好现实，根本上要靠包括工人阶级在内的全体人民的劳动、创造、奉献，高质量发展更离不开一支高素质的技术工人队伍。

党中央高度重视弘扬工匠精神和培养大国工匠。习近平总书记专门致信祝贺首届大国工匠创新交流大会，特别强调“技术工人队伍是支撑中国制造、中国创造的重要力量”，要求工人阶级和广大劳动群众要“适应当今世界科技革命和产业变革的需要，勤学苦练、深入钻研，勇于创新、敢为人先，不断提高技术技能水平”。这些亲切关怀和殷殷厚望，激励鼓舞着亿万职工群众弘扬劳模精神、劳动精神、工匠精神，奋进新征程、建功新时代。

近年来，全国各级工会认真学习贯彻习近平总书记关于工人阶级和工会工作的重要论述，特别是关于产业工人队伍建设改革的重要指示和致首届大国工匠创新交流大会贺信的精神，进一步加大工匠技能人才的培养选树力度，叫响做实大国工匠品牌，不断提高广大职工的技术技能水平。以大国工匠为代表的一大批杰出技术工人，聚焦重大战略、重大工程、重大项目、重点产业，通过生产实践和技术创新活动，总结出先进的技能技法，产生了巨大的经济效益和社会效益。

深化群众性技术创新活动，开展先进操作法总结、命名和推广，是《新时期产业工人队伍建设改革方案》的主要举措之一。落实全国总工会党组书记处的指示和要求，中国工人出版社和各全国产业工会、地方工会合作，精心推出“优秀技术工人百工百法丛书”，在全国范围内总结 100 种以工匠命名的解决生产一线现场问题的先进工作法，同时运用现代信息技术手段，同步生产视频课程、线上题库、工匠专区、元宇宙工匠创新工作室等数字知识产品。这是尊重技术工人首创精神的重要体现，是工会提高职工技能素质和创新能力的有力做法，必将带动各级工会先进操作法总结、命名和推广工作形成热潮。

此次入选“优秀技术工人百工百法丛书”作者群体的工匠人才，都是全国各行各业的杰出技术工人代表。他们总结自己的技能、技法和创新方法，著书立说、宣传推广，能让更多人看到技术工人创造的经济社会价值，带动更多产业工人积极提高自身技术技能水平，更好地助力高质量发展。中小微企业对工匠人才的孵化培育能力要弱于大型企业，对技术技能的渴求更为迫切。优秀技术工人工作法的出版，以及相关数字衍生知识服务产品的推广，将为中小微企业的技术进步与快速发展起到推动作用。

当前，产业转型正日趋加快，广大职工对于技能水平提升的需求日益迫切。为职工群众创造更多学习最新技术技能的机会和条件，传播普及高效解决生产一线现场问题的工法、技法和创新方法，充分发挥工匠人才的“传帮带”作用，工会组织责无旁贷。希望各地工会能够总结命名推广更多大国工匠和优秀技术工人的先进工作法，培养更多适应经济结构优化和产业转型升级需求的高技能人才，为加快建设一支知识型、技术型、创新型劳动者大军发挥重要作用。

中华全国总工会兼职副主席、大国工匠

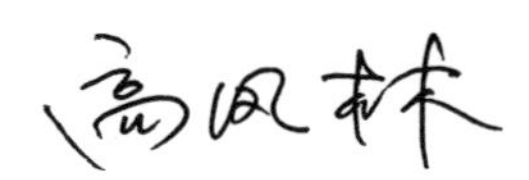

优秀技术工人百工百法丛书

机械冶金建材卷

编委会

作者简介
About The Author

刘伯鸣

1971 年出生，中国一重集团有限公司铸锻钢事业部水压机锻造厂锻造工，高级技师，党的二十大代表。

曾获“全国劳动模范”“中华技能大奖”“2019 年大国工匠年度人物”“央企楷模”“全国岗位学雷锋标兵”等荣誉和称号，享受国务院政府特殊津贴。

从业 30 余年来，他独创 52 种锻造方法，开发

43 项锻造技术，先后攻克核电、石化等产品锻造工艺难关 100 余项，填补国内行业空白 100 余项，出色完成三代核电锥形筒体、水室封头、主管道、世界最大 715 吨核电常规岛转子等超大、超难核电锻件和超大筒节的锻造任务 30 余项。一大批大国重器由他和他的团队在创新中攻克重重难关，打破国外技术垄断，取得突破，在秦山二期、三门 2 号、福清 5 号、CAP1400 项目等国家重点工程项目中发挥重大作用，为促进核电、石化、专项产品国产化和进口替代，提升我国超大型铸锻件极端制造整体技术水平和国际竞争力作出了突出贡献。

千锤百炼，锻造国之重器，
万难不惧；与钢铁巨人为伍，
一心报国，永不畏难。

刘伯鸣

目　　录
Contents

引 言
Introduction

随着人类对能源需求的日益增加，核电作为一种清洁能源逐渐被人类利用。随着核能技术不断发展，对核电站主要设备的服役工况要求也越来越苛刻。核电蒸汽发生器是核电站最为关键的主要设备之一，且服役环境恶劣，这就要求核电蒸汽发生器必须具有超强的稳定性。

长期以来，中国一重集团有限公司（以下简称中国一重）作为国家重型装备制造行业的领军企业，依托富拉尔基大型铸锻件制造基地的雄厚制造能力，以及多年来积累的超大型锻件的制造经验，在超大型锻件绿色制造技术领域进行了大量尝试，所取得的突破得到了业内人士的普遍关注，尤其是在核电超大型锻件的制造领域进行了广泛的推广。带接管的一体化顶盖锻件、CAP1400一体化底封头锻件以及核电蒸汽发生器锥形筒体锻件的研制成功，充分展示了中国一重在核岛主设备一体化锻件领域的制造实力。

本书针对核电蒸汽发生器过渡段锥形筒体锻造过程中的制坯、专用辅具拔长、专用辅具扩孔出成品等关键火次，利用体积不变原理研究了锥形筒体的成形规律，研究结果对锥形筒体锻造工艺的优化有一定的指导意义。

第一讲

蒸汽发生器及其锥形筒体

一、蒸汽发生器及其锥形筒体简介

蒸汽发生器是核岛中交换一回路及二回路热量的关键设备之一，蒸汽发生器的一次侧为一回路的压力边界，需要承受高温、高压及较强的放射，二次侧通过 U 形管传递的热量产生蒸汽。图 1 为中国一重承制的首台蒸汽发生器，该设备由 8 件壳体锻件组焊而成。

图 1　中国一重承制的首台蒸汽发生器

随着核电装机功率的不断加大，核岛主设备逐

注：本书中的蒸汽发生器均指核电蒸汽发生器。

渐向大型化、一体化方向发展，加大了核电设备的制造难度。蒸汽发生器筒身各部分锻件属于典型的大型筒体锻件，具有质量大、尺寸大、设计制造复杂的特点。此外，蒸汽发生器长期工作在高温、高压、高辐射的恶劣环境下，其产品质量的优劣直接影响核电站的正常运作和使用寿命。蒸汽发生器上下筒体之间的过渡部位是锥形筒体，该筒体锻件是上下直径不同但壁厚相等的锥形筒体。锥形筒体是蒸汽发生器的关键部件之一，其外壁部分带有一定锥度，属于制造难度极大且需整体成形的一体化异形锻件。

二、蒸汽发生器锥形筒体的制造难点

蒸汽发生器过渡段锥形筒体由于形状较为复杂，被公认为核岛大型锻件中制造难度最大的部件之一。锥形筒体的形状是中间带有一定锥度、上下两端为直段的异形锻件。制造过程中，为保证蒸汽发生器的一体化率，用于连接蒸汽发生器一次侧和二次侧的锥形筒体锻件需连同直段一体化锻出的同时，还要保证锻件具有更为合理的纤维流线。与此同时，为保证锻件内部具有均匀细小的晶粒度状态，锻件在最终成形火次必须完成高温大变形量的变形，从而使内部发生完全动态再结晶，因此必须对锻件锻造各工序、各火次的工艺技术参数进行合理的设计，在采用合理的锻造成形方法的同时，对成形过程中各尺寸参数进行理论计算、精确控制，才能实现带直段锥形筒体锻件的成功锻造。下页图2为中国一重承制的蒸汽发生器锥形筒体的锻造毛坯及精车成品。

传统的自由锻制造方式既不能满足当下的发展趋势，在制造成本、制造周期上也毫无竞争力可言，因此超大型锻件生产企业亟待解决自由锻造的生产瓶颈，寻求新的技术创新，突破传统的制造思维，才能使产品更加适应市场的需求，企业也才能进入良性发展模式。如何实现蒸汽发生器锥形筒体锻件近净成形，从而有效控制加工余量，是各大锻造企业亟待解决的突出问题。

（a）蒸汽发生器锥形筒体的锻造毛坯

（b）蒸汽发生器精车成品

图 2　中国一重承制的蒸汽发生器锥形筒体

第二讲

超大型核电锻件的近净成形

一、锻件的近净成形及其概念

超大型核电锻件的近净成形及绿色制造是当下大型锻件生产企业所追求的变革性生产理念。它通过打破传统大型锻件的制造方式，应用现代的制造模式，得到神形兼备的大型锻件，使锻件既有复杂形状，同时也具备致密性和组织均匀性。不仅如此，通过锻件的一体化锻造使超大型设备的焊缝数量明显减少，提高了设备的服役稳定性。

锻件的近净成形是指通过合理的锻造工艺及锻造辅具设计，对异形锻件进行锻造，实现各位置的仿形并有效控制加工余量。对于核电一回路异形主锻件来说，其锻件尺寸超大，结构复杂，若无长期的锻造经验积累，很难总结出较为合理的仿形锻造方法，特别是蒸汽发生器锥形筒体、水室封头、压力容器接管段等锻件。以前由于没有现成经验可以借鉴，只能将锻件进行简化处理，锻件“肥头大耳”的问题极为突出，不仅材料利用率低，锻件质量也极难保证。

二、中国一重自主研发的近净成形技术及其应用

长期以来，中国一重作为国家重型装备制造行业的领军企业，在超大型锻件近净成形及一体化制造领域进行了大量尝试，取得的突破性业绩，得到了业内人士的普遍赞誉，尤其是蒸汽发生器锥形筒体锻件，其结构极为复杂，目前掌握超大型核电锥形筒体锻件近净成形技术的企业在世界上凤毛麟角。下页图 3、图 4 分别为核电压力容器接管段锻件及蒸汽发生器锥形筒体锻件出成品。可以看出，两件锻件均为异形截面的筒体锻件，锻造难度极大，若无法在实践中掌握其变形规律，很难实现各位置不同截面尺寸的同步变形，最终导致锻造废品的产生。针对这两个锻件，中国一重目前积累了丰富的制造经验，通过对原有工艺的技术优化，已充分实现了锻件的仿形锻造。

此外，以超大型封头类锻件为代表的核电异形复杂锻件，借助其锻造下模的约束，配合超大型压机，采用胎模锻造成形工艺，充分实现了锻件的近

图 3　核电压力容器接管段锻件

图 4　蒸汽发生器锥形筒体锻件出成品

净成形及绿色制造。以水室封头为例，AP1000 蒸汽发生器水室封头为带有两个倾斜向心管嘴以及一个超长非向心垂直管嘴的异形复杂锻件。其结构如图 5 所示，采用胎模成形工艺，在实现锻件仿形锻造的同时，也实现了锻件的全压应力成形，充分保留了锻造纤维，提高了锻件质量。

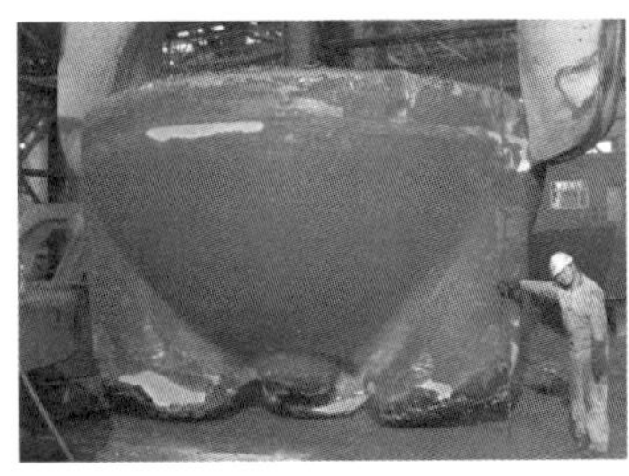

图 5　AP1000 蒸汽发生器水室封头锻件

第三讲

蒸汽发生器锥形筒体的成形原理

核电压力容器及蒸汽发生器目前均是由超大型锻件焊接而成，因此核电锻件的质量以及焊缝的质量和数量对核电压力容器及蒸汽发生器的可靠性具有决定性的意义。尤其对于已开始运行的核反应堆主设备，其焊缝必须在特定时间内进行在役检查，从而确保核电压力容器及蒸汽发生器的稳定运行。如何在保证锻件质量的同时，尽量减少焊缝数量是当下核电主设备制造厂所面临的突出问题。

一、蒸汽发生器锥形筒体

蒸汽发生器锻件材料为锰—钼—镍低合金钢。对于锥形筒体的锻造，传统的方法采用覆盖式，即将整个锥形筒体的外形都覆盖于一个较简单的带有锥度的筒节中，这种锻造方法钢锭利用率低，加工余量大。为减少锻造余量，提高钢锭利用率，目前中国一重采用仿形式锻造工艺，即利用专用拔长套加专用上锤头，将中部锥体及两端大小直段直接锻出。这种方法对坯料尺寸的要求较为严格，并且锻件容易出现大小两端不同心的问题。蒸汽发生器锥形筒体锻造方法如图 6 所示。

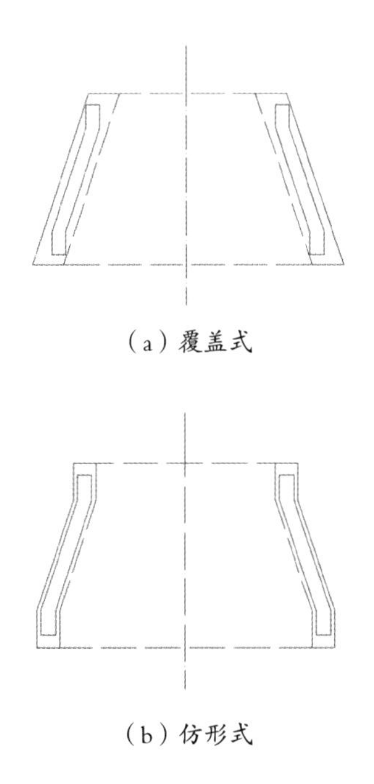

（a）覆盖式

（b）仿形式

图 6　蒸汽发生器锥形筒体锻造方法

二、锻造成形原理

锻造蒸汽发生器锥形筒体钢锭选用双联法冶炼上注 24 棱钢锭，钢锭冶炼前精选炼钢用原材料，严格把控 As、Sb、Sn、Co、Cu、B 等有害元素的含量，采用电炉和精炼炉双联法炼钢，降低钢中的 P、S 含量。对锻件所需的大型钢锭，采用多包合浇技术控制钢中 C、Mo 等元素的成分偏析，从而控制合浇后大型钢锭的成分偏析。采用真空浇注、钢水注流保护和新型中间包技术，降低钢渣的卷入和钢水二次氧化，从而提高钢水的纯净度和钢锭质量。

钢锭经保温、脱模热送后进行锻造，首先气割水冒口，保证钢锭两端均有一定比例的切除量，从而有效切除水口沉积堆及冒口端的二次缩孔和偏析严重区域，保证锻件质量。

切除两端弃料后，钢锭经长时间保温后进行镦粗、冲孔，利用长时间的高温扩散，配合一定的镦粗比，既实现了钢锭内部的成分均匀化，也保证了凝固枝晶破碎，并向等轴状态转变。钢锭冲孔进一步将钢锭芯部疏松区域去除，同时也是成形过程的需要。然后进行芯棒拔长，预扩孔，完成异形截面成形前的直筒坯料制备，随后进行专用辅具的拔长及扩孔。

综上所述，锥形筒体的仿形式锻造一般要经过气割水冒口→镦粗、冲孔→芯棒拔长→预扩孔、平端面→专用辅具拔长→专用辅具扩孔出成品六火次，成形工艺非常复杂。对其中重要火次进行深入研究，并对关键点进行控制，从而保证锻件质量。锥形筒体的仿形式锻造重要火次如下页图 7 所示。

①镦粗、冲孔。

采用 900 凹面盖板在万吨水压机上进行镦粗，镦粗比 1.4~1.6。冲孔时要求保证冲子对中，冲孔过程中确保冲子不冲偏。

②芯棒拔长。

在芯棒拔长过程中，不仅要保证坯料壁厚的均匀性，而且要确保端面平齐，不出现长短面。

③预扩孔、平端面。

锥形筒体预扩孔的目的是矫正壁厚，使壁厚均匀，同时通过平盖板镦粗，找齐端面，锻出壁厚较

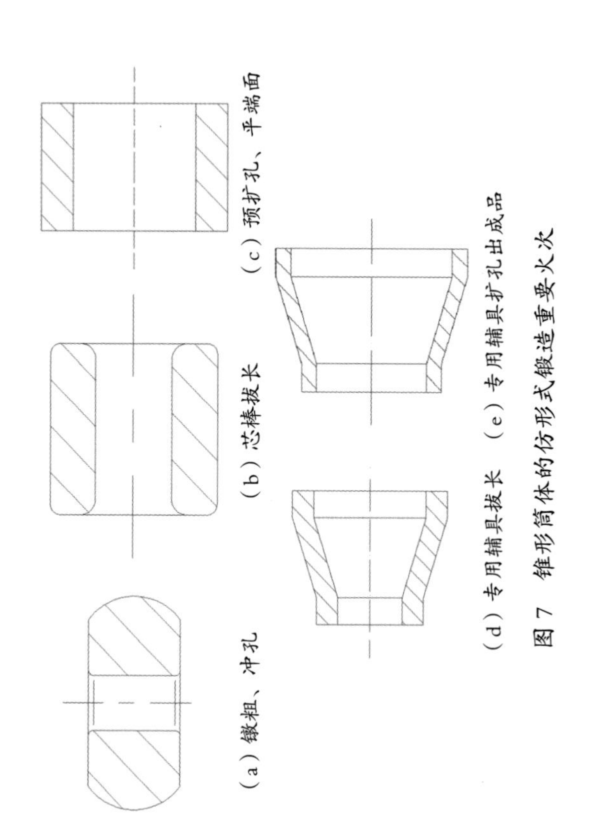

图 7　锥形筒体的仿形式锻造重要火次

为均匀、端面平齐的筒形坯料。

④专用辅具拔长。

此火次是锥形筒体锻造中最为重要的一个火次，辅具使用专用收口套及上平下V砧。本火次在保证拔长到工艺要求长度的基础上，还要保证壁厚均匀，这是锥形筒体最终大小圆及斜段不偏芯的前提。更重要的是在拔长过程中顶住芯棒，将大头端直段拔出。同时，为保证最终锻件壁厚的均匀性，斜段的外形结构也要进行优化。

下页图8为坯料及锻件成品斜段外形结构平面坐标系，图中将坯料内孔斜段处理为处于平面坐标系第一象限过（0，r）的一元一次方程 $y=ax+b$（其中 r 为坯料小头端内孔半径），坯料高度为 H，坯料外径轨迹设为 $y'=f(x)$。由于坯料扩孔过程中保持均匀变形，所以成品内外径轨迹斜率不变，可分别设为 $y=ax+f$，$y=ax+d$。

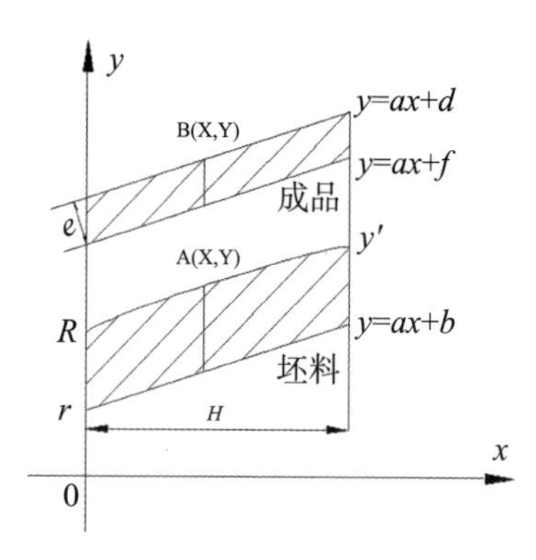

图 8　坯料及锻件成品斜段外形结构平面坐标系

由体积不变原则：

$$S_A = S_B$$

$$y'^2 - (ax + b)^2 = (ax + d)^2 - (ax + f)^2$$

$$y'^2 - a^2x^2 + (2af - 2ab - 2ad)x + f^2 - b^2 - d^2 = 0 \qquad (1)$$

$$a = \frac{c}{H};\ b = r_{坯};\ f = r_{成};\ d = R_{成}$$

$$y'^2 - (\frac{c}{H})^2x^2 + 2(\frac{c}{H})(r_{成} - r_{坯} - R_{成})x + r_{成}{}^2 - r_{坯}{}^2 - R_{成}{}^2 = 0$$

当 $x=0$ 时，$y'^2 = -(f^2 - b^2 - d^2) = r_{坯}{}^2 +$

$$R_{成}{}^2 - r_{成}{}^2 = R_{坯}{}^2$$

$$y' = R_{坯}$$

即：$y'^2 - (ax + b + d - f)^2 = 2bd - 2fd - 2fb$

$$\frac{y'^2}{2bd-2fd-2fb} - \frac{(ax+b+d-f)^2}{2bd-2fd-2fb} = 1 \qquad (2)$$

设：　$2bd - 2fd - 2fb = -M^2$，$b + d - f = N$

式（2）可化简为：$\frac{(x+\frac{N}{a})^2}{(\frac{M}{a})^2} - \frac{y'^2}{M^2} = 1 \qquad (3)$

可以看出坯料外圆轨迹为顶点在 $\frac{M-N}{a}$，过点（0，$R_{坯}$）的双曲线，如下页图 9（a）所示。在实际锻造中，由于弧形轮廓结构难以实现，所以可以将弧形轮廓处理成若干台阶，如下页图 9（b）所示。双曲线轮廓在靠近大端方向较为平缓，靠近小端方向轮廓斜率增大，所以在保证每砧压下量相同的情况下，可以在从大端向小端压出斜面时每砧适当减小进给量，尽量接近双曲线轮廓。对于国产

ACP1000蒸汽发生器锥形筒体，可将坯料轮廓预制成图9所示，斜段分成5个台阶，每个台阶高度均为100mm，从大端到小端每锤进给量为600mm、

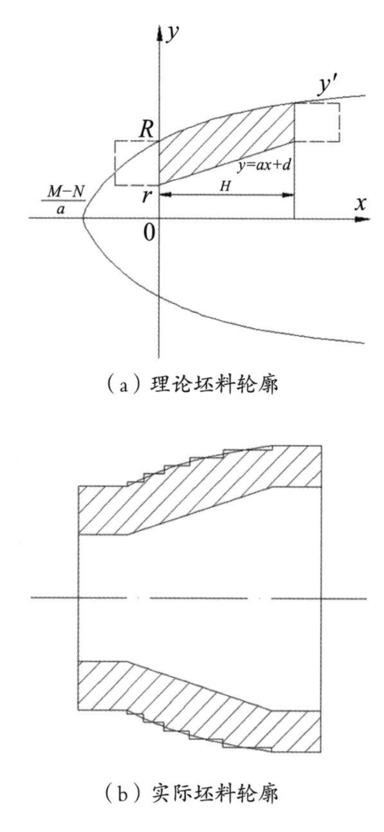

（a）理论坯料轮廓

（b）实际坯料轮廓

图9 扩孔实际坯料结构

450mm、300mm、250mm、200mm。

⑤专用辅具扩孔出成品。

在保证坯料壁厚均匀、端面平齐情况下，利用专用上锤头、专用马杠及活动马架出成品，锥形筒体出成品如下页图 10 所示。为防止大端直段窜动，在专用马杠大端面设置夹具。成形过程中通过装卸垫片来调整活动马架高度，从而控制大小两端外圆变形速率，保证两端变形均匀，一旦两端变形程度不一致，则会使大小圆产生偏芯，如果壁厚余量不够，只能增加火次进行返修，所以扩孔出成品垫片高度的控制尤为重要。在以往的锻造过程中，塞入垫片的高度常通过锻工现场观察大小圆外径的增长速度来进行调整，这种方法全凭锻工的现场经验，并没有实际的规律作为指导，方法不够科学，所以有必要在锻造之前进行计算，并通过实际锻造过程总结出垫片高度的控制规律。

设扩孔过程中，小圆端和大圆端内孔半径分别为 r_1，r_2；外径分别为 R_1，R_2；大小圆面积分别为

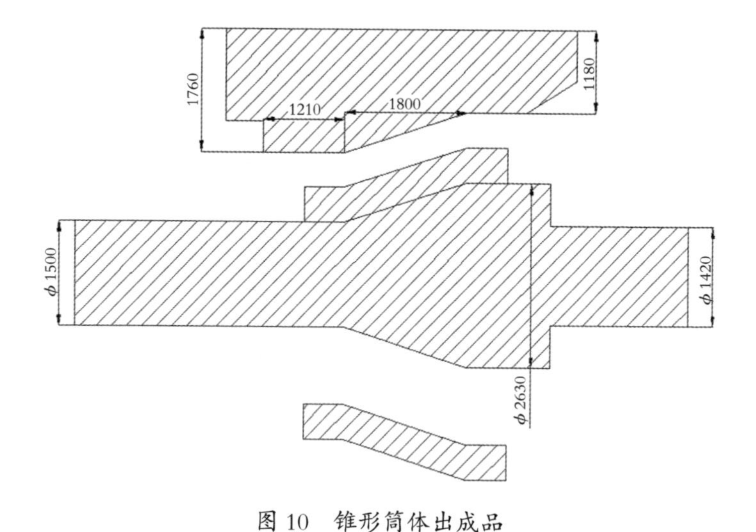

图 10　锥形筒体出成品

S_1，S_2；壁厚分别为 x，y。两端变形速率一致的条件为大小圆外径差一直保持为一定值 c（计算过程中均忽略 π）。

$$S_1 = {R_1}^2 - {r_1}^2$$

$${R_1}^2 - (R_1 - x)^2 = S_1$$

$$(2R_1 - x)x = S_1$$

$$R_1 = \frac{(S_1 + x^2)}{2x}$$

$$R_2 = R_1 + c = \frac{(S_1 + x^2)}{2x} + c \tag{4}$$

$$R_2{}^2 - r_2{}^2 = S_2$$

$$R_2{}^2 - (R_2 - y)^2 = S_2$$

$$R_2 - y = \sqrt{R_2{}^2 - S_2} = \sqrt{[\frac{(S_1 + x^2)}{2x} + c]^2 - S_2}$$

$$y = \frac{(S_1 + x^2)}{2x} + c - \sqrt{[\frac{(S_1 + x^2)}{2x} + c]^2 - S_2} \tag{5}$$

$$h = x - y = \frac{(x^2 - S_1)}{2x} + c - \sqrt{[\frac{(S_1 + x^2)}{2x} + c]^2 - S_2} \tag{6}$$

第四讲

蒸汽发生器锥形筒体的锻造成形过程

大型锻件的传统自由锻造主要目的是成形和芯部压实。随着不锈钢、超级合金以及其他难变形材料的大量应用，人们不得不重视大型锻件的晶粒度。晶粒度的均匀性与钢锭或坯料质量（如偏析、有害相）、锻造参数（如温度、变形量）以及热处理参数（如加热温度、冷却均匀性）等有关。在以往的锻造工艺中，由于对难变形材料在成形过程中的应力状态重视不够，导致锻件产生表面裂纹和性能的各向异性。

一、自由锻造

大型锻件的自由锻造是利用压力使坯料在上下砧面间各个方向自由变形，不受任何限制而获得所需形状及尺寸的锻造方法。其特点是不需要任何辅助工具、模具，锻件的余量及精度取决于操作者的水平和设备的自动化程度。自由锻造既能创作出艺术作品（如下页图 11 所示），也可能制造出质量参差不齐的锻件（如第 32 页图 12 所示）。

图 11　自由锻造艺术作品

图 12　质量参差不齐的锻件

二、覆盖式锻造和仿形式锻造

仿形式锻造是适用于复杂锻件成形的锻造方法。仿形式锻造可以借助一些简单的模具锻造成形，适用于小批量生产。

蒸汽发生器锥形筒体是连接上、下筒体的过渡段，由圆锥段和上、下两个直段组成。锥形筒体锻件锻造方法因制造水平的不同分为覆盖式锻造和仿形式锻造。

蒸汽发生器锥形筒体锻件覆盖式锻造是先锻造出厚壁圆锥筒体，然后加工出两个直段。蒸汽发生器锥形筒体覆盖式锻造如图 13 所示。

图 13　蒸汽发生器锥形筒体覆盖式锻造

国外某锻件供应商制造 AP1000 蒸汽发生器锥形筒体是先采用覆盖式锻造出锥形筒体，然后加工出两个直段。AP1000 蒸汽发生器锥形筒体加工尺寸如图 14 所示。AP1000 蒸汽发生器锥形筒体覆盖式锻造加工尺寸如下页图 15 所示。第 36 页图 16 是锻件毛坯加工前画线及锻件毛坯上半段加工后待 180º 翻转的加工实例。

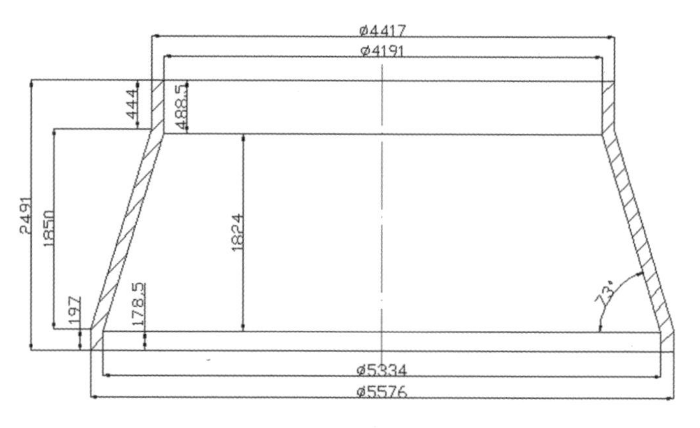

图 14　AP1000 蒸汽发生器锥形筒体加工尺寸

覆盖式锻造成形方法虽然简单，但锻件余量大，而且直段尺寸越长，锻件余量越大。如用覆盖

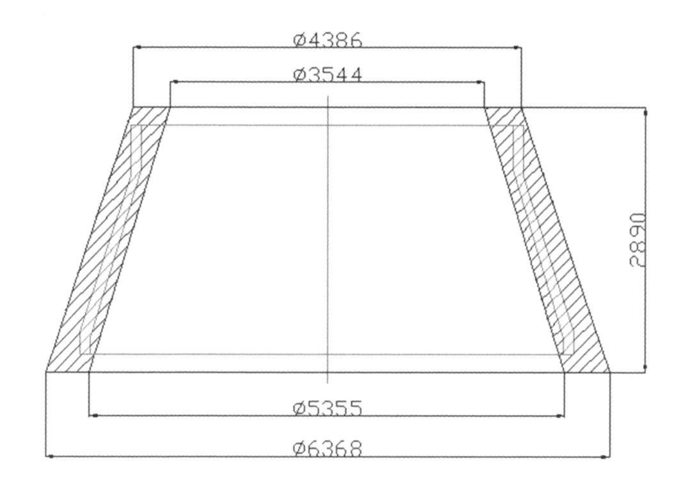

图 15　AP1000 蒸汽发生器锥形筒体覆盖式锻造加工尺寸

式锻造方法制造第 37 页图 17 所示的带超长直段的锥形筒体，锻件余量将难以想象。

为了获得近净成形的锥形筒体锻件，中国一重发明了双端不对称变截面筒体同步变形技术，研制出多种辅具，开展了仿形式锻造研究工作。

三、锻造辅具简介

为了获得近净成形的锻件，必须通过辅具来对

（a）锻件毛坯加工前画线

（b）锻件毛坯上半段加工后待 180° 翻转

图 16 AP1000 蒸汽发生器锥形筒体加工实例

图 17　带超长直段的锥形筒体

锻件异形轮廓进行约束，蒸汽发生器锥形筒体的近净成形主要用到以下辅具。

1. 高度在线可调的活动马架

高度在线可调的活动马架在工作中能够根据需要随时实现高度可调，以满足成形工艺方案中坯料大小端直径同时开始变形并同时结束变形的条件，从而实现坯料大小端直径同时达到锻件尺寸的目标。

2. 拔长预制锥形坯料的成形辅具

拔长预制锥形坯料的成形辅具可以使扩孔前的

坯料具备一定的形状，经过专用成形辅具扩孔后，能够扩大成形为所需要的形状与尺寸，同时还要注意保证锻件内部质量，使其在调质后各项性能指标满足技术条件要求，最后还要考虑不同类型产品所需辅具的通用性。

3. 组合辅具之间的定位与固定

为降低单件辅具重量，提高辅具的通用性，有些辅具应设计成组合式，这样就必须研究这些组合辅具之间的定位与固定方式，既要保证安装方便，又要保证装配精度，使其在使用过程中不发生窜动。由于辅具在锻造成形过程中始终与高温坯料接触，所以要保证在长时间高温环境下，辅具组合结构耐用牢固不变形。根据工程实践经验，辅具组合方式不宜采用焊接形式，而适宜采用螺栓把合方式。

4. 整体扩孔专用不等宽上锤头

整体扩孔专用不等宽上锤头（如下页图 18 所示）可使坯料大小端变形同步，而且变形更均匀。

图18　不等宽上锤头

5. 成形辅具稳定性定位装置

锻造过程中由于锥形筒体斜段产生水平分力，使成形辅具位置发生移动或歪斜，不利于锻件成形，严重时会导致锻件报废，所以应该研究控制成形辅具在工作中的稳定性。AP1000 蒸汽发生器锥形筒体锻件的锻造采用了定位装置，保证了锻件锥度。

四、产品制造

AP1000 蒸汽发生器锥形筒体近净成形锻件加工尺寸如图 19 所示。

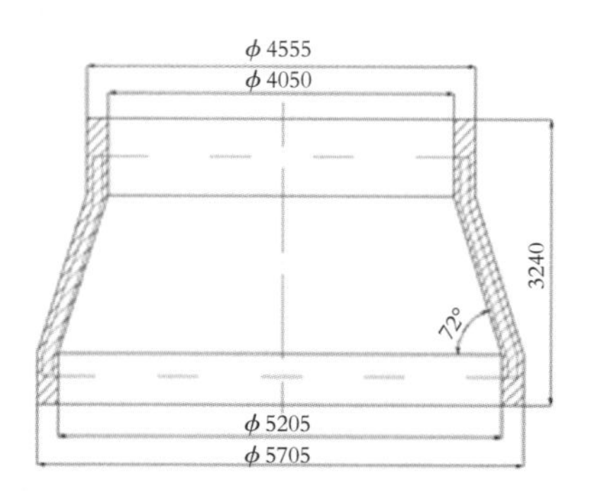

图 19　AP1000 蒸汽发生器锥形筒体近净成形锻件加工尺寸

锻造成形工艺过程：气割水冒口→镦粗、冲

孔→芯棒拔长→马杠扩孔→专用芯棒预制锥形坯料→专用锤头与马杠整体同步扩孔出成品。

专用芯棒预制锥形坯料实际锻造过程如图 20 所示。图 20（a）是从小头端开始锻造；图 20（b）是锻造大头端；图 20（c）是最后一道火次锻造；图 20（d）是制坯结束后返回加热炉吊运。

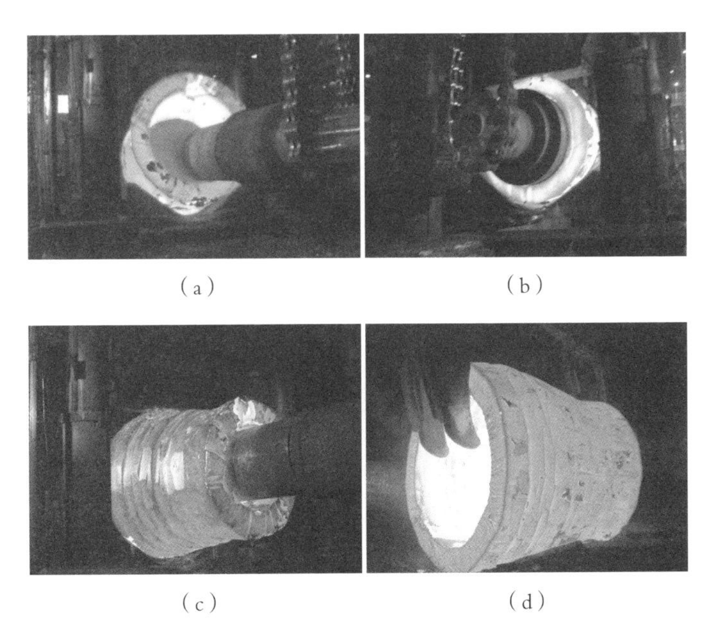

（a） （b）

（c） （d）

图 20 专用芯棒预制锥形坯料实际锻造过程

专用锤头与马杠整体同步扩孔出成品实际锻造过程如图 21 所示。图 21（a）是锻造开始位置；图 21（b）是锻造结束位置；图 21（c）是锻造过程的全貌。

（a） （b）

（c）

图 21 专用锤头与马杠整体同步扩孔出成品实际锻造过程

上文式（6）中 h 表示两端壁厚差。假设南北活动马架之间距离为 5000mm，锥形筒体高为

3m，锥形筒体在锻造过程中位置保持在大头端距北马架 1m，小头端距南马架 1m 处；南北马架高度分别为 3640mm、3740mm。北马架垫片高度应为 $H=5h/3+100$mm。

下页表 1 为利用式（4）和式（6）计算出的 ACP1000 蒸汽发生器锥形筒体出成品各参数理论变化规律及垫片调整过程。通过小头端壁厚及辅具高度计算出水压机设限值。坯料尺寸按工艺锻造尺寸计算，壁厚大小圆分别为 570mm、505mm，初始外径分别为 2640mm、3790mm，成品外径为 3655mm、4800mm。不考虑火耗，c 取 575mm，通过计算得出成形过程中的垫片调整规律，生产中可根据所计算理论值和实际壁厚尺寸，或水压机设限值对垫片数量进行增减。从表 1 中可以看出，在保证大小端均匀变形的条件下，大头端减径速率明显小于小头端，所以在变形过程中要随时减少北马架垫片高度，但由于筒形件蓄热量较小，散热快，锻造时间较短，所以在实际生产过程中需要简化调整垫片过程，可以在变形初期小头端壁厚每减薄 60mm 时撤掉 5 片垫片，或根据水压机设限值，即每降限 70mm 撤掉 5 片垫片，在两端外圆即将到量后进行垫片微调，为保证大小两端外圆同时达到锻造尺寸，最终将垫片撤到只剩 100mm，保证两端马架高度一致，即最终成品两端壁厚一致，完成锥形筒体出成品。

表 1　ACP1000 蒸汽发生器锥形筒体出成品各参数理论变化规律及垫片调整过程（单位：mm）

压机设限	x	y	$2R_1$	$2R_2$	h	H
7620	570	505（478）	2640	3640（3790）	92	260
7600	550	469	2695	3845	81	240
7570	530	459	2756	3906	71	220
7550	510	449	2824	3974	61	210
7530	490	439	2898	4048	51	190
7500	470	428	2980	4130	42	170
7480	450	416	3072	4220	34	160
7460	430	404	3174	4324	26	150
7440	410	391	3288	4438	19	140
7410	390	378	3415	4565	12	120
7390	370	364	3559	4709	6	110
7370	355	354	3679	4829	1	100

五、实际锻造过程

将上述锻造工艺流程应用于 ACP1000 蒸汽发生器锥形筒体的实际生产中，以检验上述方法的可行性，同时可根据实际生产情况对方法进行修正。锥形筒体令号为 13A01011HE06100，卡号为 1401053，锻件重 93t，钢锭重 175t。

钢锭经气割水冒口，镦粗、冲孔，芯棒拔长，马杠扩孔平端面预制成内孔 2900mm、壁厚 600mm、高 2600mm 的坯料，然后进行专用辅具拔长，先将小头端收口到内径 1600mm，然后将大头端收口到内径 2700mm，经测量大小两端壁厚分别为 620mm、560mm。锥形筒体斜段按照上文所述方法处理。

出成品时，两端马架间距 5000mm，在两马架下端标注刻度，以根据水压机设限值计算大小端外径。根据理论计算并结合大小两端外径变化快慢调整垫片高度，初始高度为 290mm。锻造过程中 ACP1000 蒸汽发生器锥形筒体出成品各参数实际变化情况及垫片调整过程如下页表 2 所示。专用辅具扩孔出成品如图 22 所示。

表 2　ACP1000 蒸汽发生器锥形筒体出成品各参数实际变化情况及垫片调整过程（单位：mm）

压机设限	H	小圆外径	大圆外径	c 值	x	y
7620	290	2960	4090	565	620	510
7570	290	3110	4290	590	—	—
7500（−50）	290	3140	4340	600	—	—
7460	290	3550	4750	600	—	—
7440（−50）	240	3630	4790	580	400	410
7410	190	3650	4790	570	390	400
7400	190	3690	4870	590	—	380
7380（−50）	140	3710	4900	595	—	—
7380（−40）	100	3720	4910	595	—	—
7380	100	3770	4940	595	360	380

图 22　专用辅具扩孔出成品

从所记录数据可以看出，锥形筒体大小两端各尺寸参数变化趋势符合计算结果，但受火耗、直段上金属发生横向展宽等因素的影响，文中所提出的方法及数据还需进一步修正，所述方法的理论值与锥形筒体实际出成品火次各尺寸参数的变化趋势保持一致。ACP1000 蒸汽发生器锥形筒体完工图如图 23 所示。

图 23 ACP1000 蒸汽发生器锥形筒体完工图

第五讲

成形过程数值模拟

一、有限元数值模拟技术及其应用

有限元数值模拟技术在材料成形领域的应用已经有半个多世纪的历史，随着计算机的普及和各种商业有限元模拟软件的推广，有限元数值模拟技术逐步由科研单位和各大高校向企业扩展，已经成为产品开发设计链中不可或缺的一环。

在锻造领域，金属锻造过程的有限元数值模拟已经成为获取知识、认识规律、锻造过程优化设计必不可少的方法。该方法主要包含以下优点。

①求解功能强大，能精准地模拟求解各类锻造成形工序。

②对于求解问题中出现形状复杂的变形体和模具，均可以通过各类形状、大小的单元加以准确描述。

③可以方便处理各种复杂边界条件，包括摩擦边界，温度边界，动态变化的载荷、位移，速度边界以及连接约束边界等。

④可以建立丰富的材料模型库，方便处理材料

硬化效应与速度敏感性等材料属性。

⑤能够获得成形过程多种场变量的历史信息，如位移场、应变场、应力场、速度场、温度场等，为深入研究塑性成形过程系统提供翔实、可靠的信息。

⑥可以模拟现实，对塑性成形过程进行全方位的预测，如预测金属变形规律；结合材料失稳准则，可以预测成形缺陷发生的时刻和位置；结合成形过程和成形参数的优化设计，可以力争使塑性成形试制一次成功，从而缩短周期、降低成本、提高质量。

随着计算机软、硬件的迅速发展和数值计算方法的不断完善，相应的有限元分析软件也不断推出，在分析金属成形、微观结构变化、精密成形工艺等方面越来越显示出优越性。

本节采用目前较为通用的 DEFORM-3D 有限元分析软件，对蒸汽发生器锥形筒体锻件的成形进行全流程仿真，从而研究其成形规律，有效指导生产。

二、蒸汽发生器锥形筒体制造过程数值模拟

超大型钢锭的制造特点是多个精炼包钢水依次通过中间包浇注进入钢锭模，由于浇注时间长，浇注系统复杂，在浇注过程中，必然会或多或少地出现钢水的二次氧化。不仅如此，浇注系统中的耐火材料经过长时间1500℃以上的冲刷，也必将会部分浸入钢水从而带入钢锭内部，因此超大型钢锭内部的冶金缺陷是难以避免的，这一点也必须在后续的钢锭锻造工艺编制中予以考虑。超大型锻件锻造成形的目的是破碎铸态枝晶，均匀内部组织，并得到工件所需的形状和尺寸。

锻造核电锻件所用的钢锭为双联法冶炼上注24棱钢锭，采用电炉和精炼炉双联法炼钢，降低钢中的P、S含量，并采用双包合浇的方式冶炼大型钢锭。采用真空浇注，有效避免了钢水的二次氧化，提高了钢水的纯净度和钢锭质量。钢锭经保温脱模，热送至水压机锻造车间，经气割水冒口→镦粗、冲孔→芯棒拔长→马杠扩孔4个步骤完成蒸汽

发生器锥形筒体锻件的制坯过程，如图 24 所示。

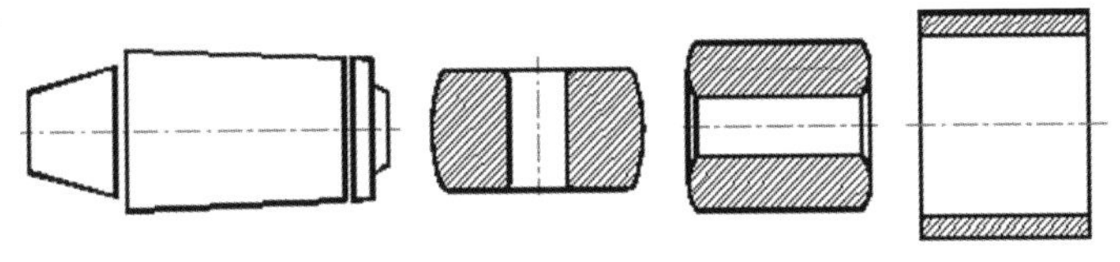

（a）气割水冒口　（b）镦粗、冲孔（c）芯棒拔长（d）马杠扩孔

图 24　蒸汽发生器锥形筒体锻件的制坯过程

经锻造制坯后的直筒体锻件，进行专用马杠拔长，并将斜面预制为台阶，最后采用专用扩孔锤头及专用马杠扩孔出成品。蒸汽发生器锥形筒体坯料成形过程如图 25 所示。

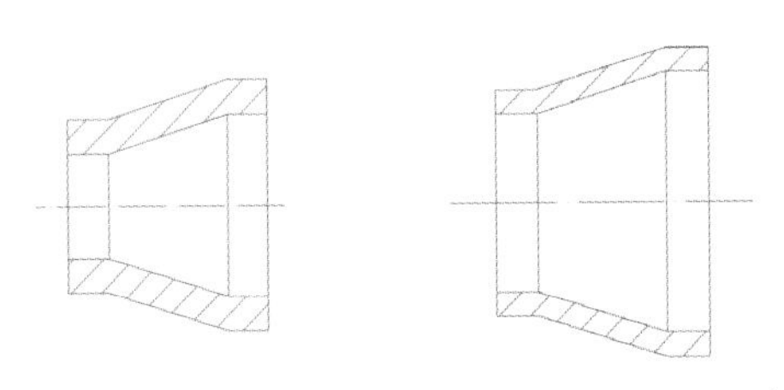

（a）专用辅具扩孔前坯料　（b）扩孔出成品后锻件

图 25　蒸汽发生器锥形筒体坯料成形过程

根据锻件的锻造工艺进行有限元数值模拟，模拟应用 DEFORM-3D 有限元分析软件，材料与模

具之间的摩擦选择剪切摩擦，摩擦系数设定为 0.4，坯料与模具之间的热传导系数为 1N，与环境之间换热为 0.02 N。坯料网格设置为四面体网格，既保证了计算精度，又保证了在大变形过程中良好的自适应性。

钢锭热送至水压机锻造车间，因锻件为空心件，直接气割水冒口，按核电要求，水口端需切除整体钢锭重量的 7% 以上，冒口端需切除 13% 以上，从而有效去除冒口端缩孔及水口沉积堆，保证锻件具有较好的冶金质量。

钢锭建模方面，由于钢锭外棱角对模拟过程影响不大，因此将钢锭简化为上大下小的圆柱体进行模拟。上注 24 棱双真空钢锭及其模型如下页图 26、图 27 所示。

首先，钢锭经长时间保温后进行镦粗、冲孔。用上球面盖板进行镦粗，利用长时间的高温扩散，实现钢锭内部的成分均匀化，然后进行冲孔，进一步将钢锭芯部疏松区域去除。钢锭镦粗、冲孔的锻

图 26　上注 24 棱双真空钢锭

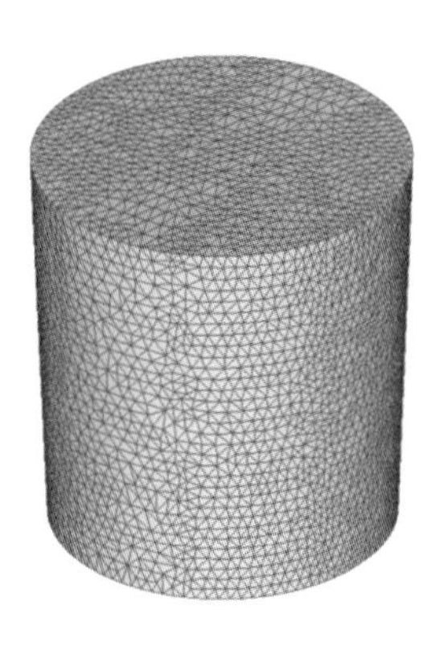

图 27　上注 24 棱双真空钢锭模型

造温度区间为750~1270℃。锻件镦冲过程及其数值模拟过程如下页图28、图29所示。

其次，利用上平下V砧进行芯棒拔长，共拔长3道次，先用上平下V砧在锻坯中间压一锤，将中间鼓肚压平，第1道次压下量约300mm，水冒口分别压一锤，然后再压中间；第2道次压下量约100mm，压至成品尺寸，分三锤由冒口端压至水口端；第3道次降线精整，分三锤由冒口压至水口。模拟过程辅具采用1200上平下V砧、ϕ1380芯棒，锻件芯棒拔长及其数值模拟过程如第58页图30、图31所示。

最后，用ϕ1320马杠及扩孔凹面锤头马杠扩孔出成品。马杠预扩孔后进行端面平整，随后进行马杠扩孔终成形，经3道次压下后进行每道次10mm压下量的精整，最终完成直筒体的制坯过程。锻件预扩孔及其数值模拟过程如第59页图32、图33所示，此火次要求扩孔后的坯料内径要大于专用芯棒的最大直径，从而可使下一火次顺利将芯棒穿入坯

图 28　锻件镦冲过程

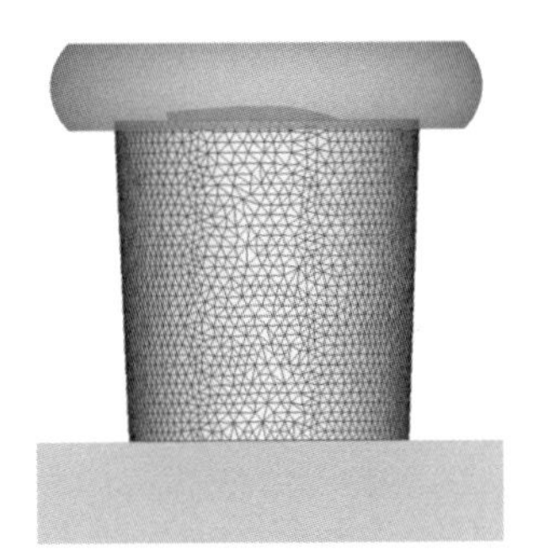

（a）镦粗冲孔过程建模

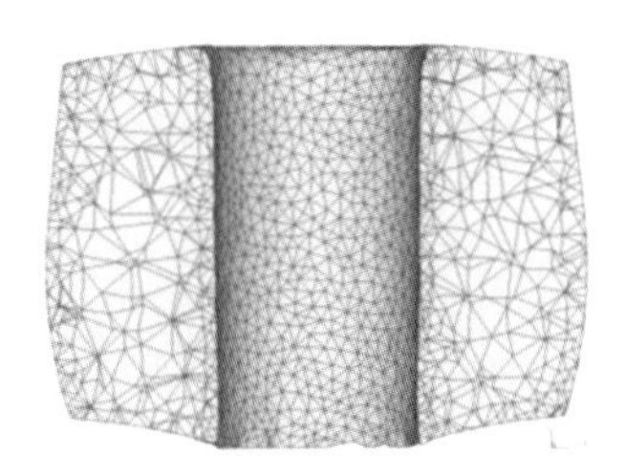

（b）镦粗冲孔模拟结果

图 29　锻件镦冲数值模拟过程

图 30　锻件芯棒拔长

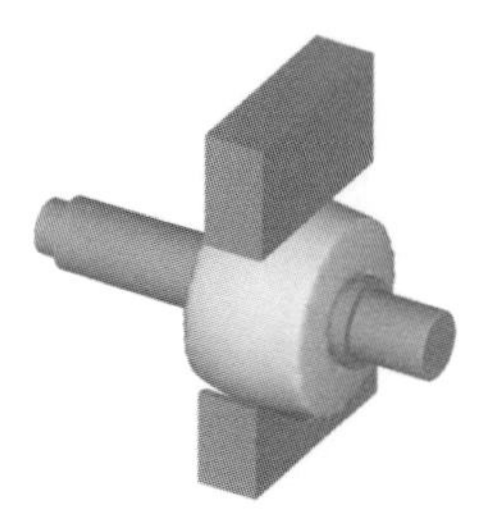

（a）马杠扩孔过程建模

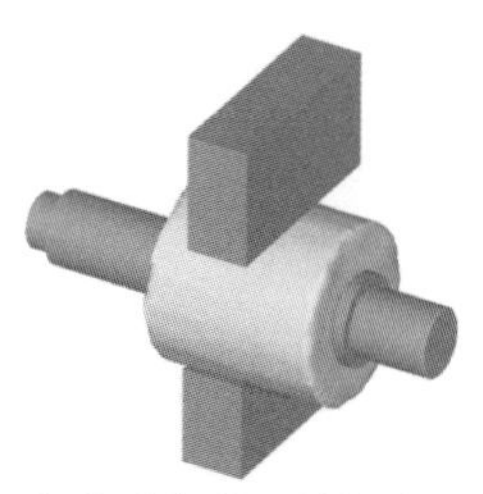

（b）马杠扩孔模拟结果

图 31　锻件芯棒拔长数值模拟过程

图 32　锻件预扩孔

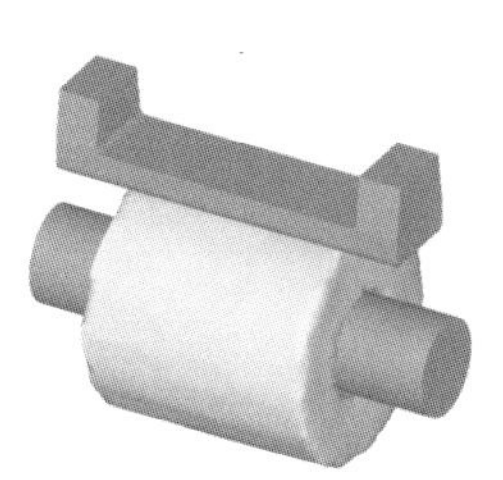

（a）马杠扩孔过程建模

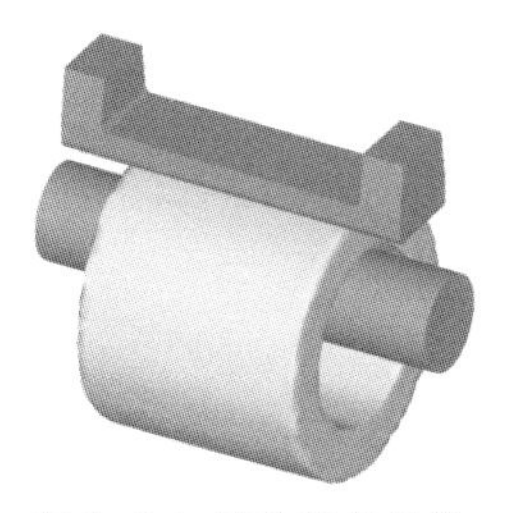

（b）马杠扩孔模拟结果

图 33　锻件预扩孔数值模拟过程

料内孔。

预制好的坯料经加热后从炉中取出，将专用马杠穿入坯料内孔中，开始预拔台阶，所用辅具为 1200 上平下 V 砧，按上文所述方式将斜面预制为多个台阶的锥筒体形状，先收口小头端锁住专用马杠，随后拔长斜面将坯料增长。完成锥筒体预制后，测量大小两端内孔及平均壁厚，并据此计算下一火次专用马杠扩孔两侧可调马架的垫片高度，具体计算值如上文所述。锻件专用马杠拔长预制台阶坯料及其模型如图 34 和下页图 35 所示。

图 34　锻件专用马杠拔长预制台阶坯料

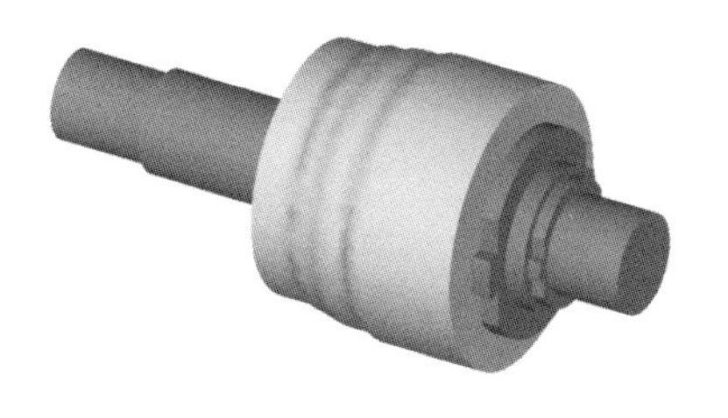

图 35　锻件专用马杠拔长预制台阶坯料模型

出成品火次如上文所述，预先计算好垫片高度，两侧马架摆放好后，取料开始进行扩孔出成品，观察两侧外圆直径增长速度，适当撤垫可调马架垫片高度，一般开始时小头端预先走料比大头端快，在扩到一定程度后大头端开始走料，整个过程需重新调整 3~4 次垫片，其间做好坯料保温工作，防止垫片撤垫过程较慢，锻件降温过低使变形抗力增大。专用辅具扩孔出成品及其模型如下页图 36 和图 37 所示。

锻件锻造完成后，用量杆测量大小两端内孔及壁厚，计算是否满足粗加工要求，在此过程中还需充分考虑筒体冷却过程的收缩量，一般锻件的线膨

图 36　专用辅具扩孔出成品

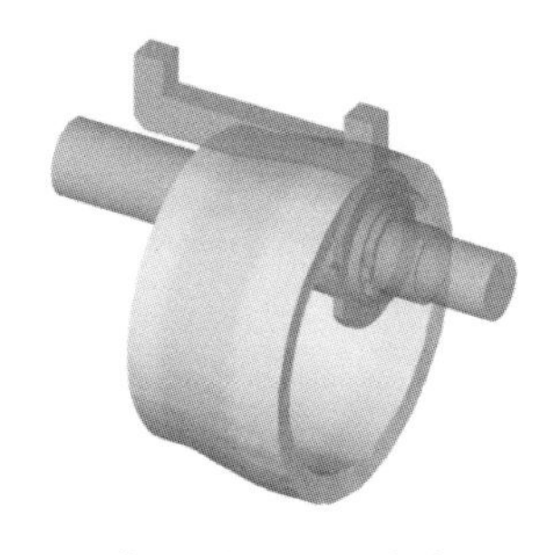

图 37　专用辅具扩孔出成品模型

胀系数取 1.0125，不锈钢材质适当取大至 1.02。同时要测量多个方向直径，观察锻件有无椭圆，适当增加点椭圆工序。

第六讲

辅具设计及制造

专用模具是指与产品形状及尺寸一一对应的模具，其不具有通用性，当产品形状或尺寸发生改变时，模具也需要重新设计与制造，尤其是蒸汽发生器锥形筒体这类极其复杂的超大型一体化锻件，辅具的设计质量直接影响锻造工艺的成败。专用模具的形状设计一般与锻件形状保持一致，尺寸设计需要考虑热胀冷缩、坯料表面残存的氧化铁皮情况、加工制造工艺性特殊要求等因素，适当予以修正，而如何在制造成本低廉、通用性强的前提下，制造出经久耐用的成形模具，则直接影响锻件的制造成本及质量。

一、专用马杠

专用马杠是锻造锥形筒体内腔的锻造用辅具，其尺寸与锥形筒体锻件图内轮廓尺寸一致。为降低制造成本，锥体马杠一般设计成分体结构，主要由直马杠及锥套两部分组成。其中，直马杠为通用辅具，锥套则根据所制造锥形筒体的实际角度进行设计，在制造不同角度锥形筒体时，仅更换锥套即可。直马杠及锥套在马杠扩孔过程中承担较大的弯曲变形，因此采用韧性较好的铬钼钢调质进行制造。锥套如图 38 所示。

图 38　锥套

二、专用扩孔锤头

专用扩孔锤头也为分体结构，包括锤头及锤头座两部分。其中，锤头座与扩孔锤头为销连接，锤头座为通用辅具，根据筒体不同尺寸及结构更换扩孔锤头即可。扩孔锤头要具有较高的硬度，因此采用模具钢 5CrNiMo 或 5CrMnMo 进行制造。专用扩孔锤头如图 39 所示。

图 39　专用扩孔锤头

三、可调马架

可调马架也为分体结构，包括马架本体及镶块，中间为 10mm 厚垫片，在使用过程中可根据实际情况垫撤垫片。为节约制造成本，马架本体可采用板焊或铸造形式制造。镶块结构较为简单，且在服役过程中与专用马杠发生较为强烈的摩擦，需具有一定硬度，可采用模具钢材质进行制造。可调马架如图 40 所示。

图 40　可调马架

第七讲

锻造方法在新产品上的应用

一、锥形筒体在各领域的应用

核电、石化、深海容器等领域所用的超大型压力容器，均常出现两端带直段的锥筒锻件，这类锻件尺寸超大，且两端直径不同，属于超大型复杂异形锻件。除此之外，为便于与邻近筒体进行焊接，此类锥筒锻件两端均带有一定长度直段，且要求热处理性能试料需取自直段延长段，这又增加了锻件直段的长度，给锻造厂的自由锻生产带来了极大困难。

二、本技术在加氢反应器异形筒体锻件制造上的应用

2006 年，由中国一重自主研发的核电锥形筒体仿形式锻造成形技术，首次在核岛蒸汽发生器锥体制造上得到成功应用，目前采用该技术已成功制造百余个不同角度的核电锥形筒体锻件。2021 年，中国一重将该技术首次应用在加氢反应器异形截面筒体的制造中，制造出当今世界上锻造规格最大的锥形筒体锻件大端直径 6.76m，最大壁厚 580mm。加氢反应器超大型锥形筒体锻件如下页图 41 所示。

图 41　加氢反应器超大型锥形筒体锻件

该锻件的成功制造，创造了世界异形加氢筒类锻件单体重量最大、直径最大及壁厚最大3项纪录，充分展现出中国一重世界最强的制造能力。随着石化容器设备单体容量的逐渐增大，加氢反应器的轻量化设计将成为未来发展的主流趋势。此次成功下线的超大型锥形筒体锻件是中石化在镇海项目中针对容器轻量化设计重点开发的设备，也是该设计在石化行业大直径锻焊容器制造上的首次应用。

以核电锥形筒体制造经验为依托，重点攻克超大型加氢材质钢锭冶炼，超大壁厚异形筒体扩孔坯料制备，超大直径异形筒节翻转及胎模锻扩孔壁厚精准控制工艺及技术。经过两个多月的突击奋战，顺利完成锻造成形关键工序，为中国一重在加氢容器轻量化设计及制造领域抢占了市场先机，并进一步领跑国际重型石化容器制造行业。

后 记

作为一名基层工作者，所肩负的使命，是在生产中解决难题，为企业开发新产品、新工艺、新技术。近几年，在核电新产品研发领域，广大中国一重的青年技术骨干逐渐崭露头角，在各自的岗位上取得了突出成绩，在项目中攻坚克难，先后完成了专项压力容器整体筒体、专项主管道、加氢一体化过渡段筒体，突破性地成功研制出世界首创的核电全奥氏体不锈钢泵壳，首次采用模锻工艺成功试制核电用主泵接管。在诸多项目中，中国一重的能工巧匠依托劳模创新工作室、党员创新工作室，萌生了新想法、新看法、新干法，为打开国产化加工的新领域、填补国内空白作出重要贡献。

多年的实践证明，关键技术、核心技术是要不来、讨不来、买不来的，制造业要靠自己，在自主创新的道路上，一重人也要迎难而上！坚忍不拔、刻苦钻研的一重人，一次又一次抢占国内乃至世界锻造领域的技术制高点，为核电国产化道路留下了浓墨重彩的一笔。我们的祖国从一穷二白到拥有“两弹一星”，到拥有自主完备的核工业体系，再到今天已经拥有完全自主知识产权的“华龙一号”“国和一号”等堆型并成功实现“走出去”，这些过程哪一个不是困难重重、荆棘丛生？而面对困难，一代代一重人艰苦创业、奋发图强，书写着一段段可歌可泣的英雄创举。展望未来，广大一重人将继续肩负使命，砥砺前行，为中国一重成为具有国际知名品牌、拥有核心制造能力的世界一流重大技术装备供应商而不懈努力，也为中国一重持续打造大型铸锻件原创技术“策源地”贡献力量。

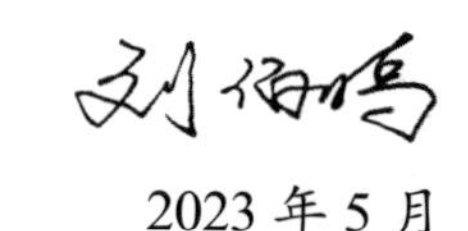

2023 年 5 月

图书在版编目（CIP）数据

刘伯鸣工作法：带直段锥体的锻造与成形 / 刘伯鸣著. 一北京：

中国工人出版社，2023.7

ISBN 978-7-5008-8229-9

Ⅰ. ①刘… Ⅱ. ①刘… Ⅲ. ①锻造－成型 Ⅳ. ①TG31

中国国家版本馆CIP数据核字（2023）第126508号

刘伯鸣工作法：带直段锥体的锻造与成形

出 版 人　董　宽

责任编辑　时秀晶

责任校对　张　彦

责任印制　栾征宇

出版发行　中国工人出版社

地　　址　北京市东城区鼓楼外大街45号　邮编：100120

网　　址　http://www.wp-china.com

电　　话　（010）62005043（总编室）

　　　　　（010）62005039（印制管理中心）

　　　　　（010）62046408（职工教育分社）

发行热线　（010）82029051　62383056

经　　销　各地书店

印　　刷　北京美图印务有限公司

开　　本　787毫米 × 1092毫米　1/32

印　　张　3

字　　数　40千字

版　　次　2023年8月第1版　2023年8月第1次印刷

定　　价　28.00元